Abel Hernández-Muñoz

VENCEJO DE COLLAR BLANCO EN CUEVAS DE LAS MONTAÑAS DE TRINIDAD, CUBA

Abel Hernández-Muñoz

VENCEJO DE COLLAR BLANCO EN CUEVAS DE LAS MONTAÑAS DE TRINIDAD, CUBA

La presencia, distribución, abundancia y nidificación del ave en cuevas del centro-sur de la Isla

Editorial Académica Española

Imprint
Any brand names and product names mentioned in this book are subject to trademark, brand or patent protection and are trademarks or registered trademarks of their respective holders. The use of brand names, product names, common names, trade names, product descriptions etc. even without a particular marking in this work is in no way to be construed to mean that such names may be regarded as unrestricted in respect of trademark and brand protection legislation and could thus be used by anyone.

Cover image: www.ingimage.com

Publisher:
Editorial Académica Española
is a trademark of
Dodo Books Indian Ocean Ltd. and OmniScriptum S.R.L publishing group

120 High Road, East Finchley, London, N2 9ED, United Kingdom
Str. Armeneasca 28/1, office 1, Chisinau MD-2012, Republic of Moldova, Europe
Printed at: see last page
ISBN: 978-613-9-43398-8

EL VENCEJO DE COLLAR BLANCO (*Streptoprocne zonaris,* Shaw 1796) EN CUEVAS DE LAS MONTAÑAS DE TRINIDAD, MACIZO GUAMUHAYA, CUBA.

MSc. Abel Hernández Muñoz

RESUMEN

Se realizaron 10 expediciones al sur del macizo Guamuhaya con el objetivo de detectar la presencia, localizar los sitios de refugio y nidificación del Vencejo de Collar (*Streptoprocne zonaris*). Para corroborar la utilización de las espeluncas por los vencejos se establecieron puntos de conteo (Berovides *et al.* 2005) en las entradas de las mismas. Los conteos se realizaron a partir de las 18:30 hasta las 20:30, de manera visual y acústicamente a partir del momento en que la luz natural no permitió seguir de la forma en que se comenzó. En total se realizaron 5 conteos en cueva El Vencejo, 4 en cueva de Olivier, 8 en caverna José Salas, 5 cueva Cuba-Suiza, 7 conteos en el Sumidero del Saúco, 6 en la cueva la Batata y en el salto de Vegas Grandes, 3 en la Poza del Túnel y 7 en el Sumidero de Codina.

Para describir la distribución de los individuos dentro de los refugios se realizaron conteos directos; para lo cual se esperó a que todas las aves estuvieran acomodadas en sus sitios habituales de descanso.

Fueron detectados 5 sitios ocupados por la especie, de los cuales 4 fueron utilizados para nidificar. Se detectaron 41 nidos, 3 en el Sumidero del Saúco, 13 en el salto de Vegas Grandes y 24 en la cueva La Batata. La altura promedio de los nidos encontrados fue de 3 .37 m, siendo 5. 48 m en el Sumidero del Saúco, 2. 90 m en La Batata, 3. 50 m en Vegas Grandes y un único nido encontrado en el Sumidero de Codina a 4 .57 m en un saliente del techo. En el Sumidero del Sauco los nidos fueron detectados en salientes de la pared, En La Batata fue más frecuente encontrarlos en salientes de la pared y en Vegas Grandes en oquedades del techo.

INTRODUCCIÓN

Uno de los aspectos de mayor importancia en los estudios ecológicos de las poblaciones de aves está relacionado con el comportamiento y la biología reproductiva, a menudo esencial en la identificación de medidas de conservación de especies (Green, 2005); aportando herramientas para una adecuada administración de las áreas naturales, la que depende obviamente de entender la relación entre las aves y sus hábitat (Bibby et al., 1998).

Varias especies de aves han sido reportadas utilizando cuevas y abrigos rocosos como refugio y sitio de nidificación, entre las que se encuentran varios miembros de la familia *Apodidae* en el paleotrópico, y el continente americano (Chantler, 1999; Marín y Stiles, 1992), el Guacharo (*Steatornis caripensi*) en Sur América (Herrera, 2002) y la lechuza (*Tyto alba furcata*) (Chapman, 1892). Hernández *et al.*, (2007) reportan por primera vez al Catey (*Aratinga euops*), un ave endémica cubana, anidando en cuevas y farallones. De todos los ejemplos antes mencionados, el Guacharo y los vencejos son los que presentan una mayor dependencia de las cuevas para refugiarse y nidificar.

Referente a los miembros de la familia Apodidae, en general, se conoce poco sobre su reproducción (Chandler, 1999). La información existente acerca de la biología reproductiva de estas especies es escasa e incompleta debido fundamentalmente a la inaccesibilidad de sus sitios de nidificación, que dificulta su detección y estudio en campo (Passeggi, 2006).

El Vencejo de Collar (*Streptoprocne zonaris*) es una especie con una amplia distribución en el continente, desde México, América Central, las Antillas hasta Sur América (Passeggi, 2006). En Cuba se encuentra al sur de la región central en el Macizo Guamuhaya, en Sagua de Tánamo y al sur de la Sierra Maestra (Garrido y García, 1975; Raffaele *et al.*; 1998 y Garrido y Kirkconnell, 2000).

Las primeras evidencias de nidificación del Vencejo de Collar en Las Antillas según el Doctor James Bond, fue un nido con dos pichones encontrado en abril de 1975, y más tarde se localizó otro con dos huevos en incubación; ambos en el Charco de La Corona del río Mulito, localidad de Mencía, Pedernales, Republica Dominicana (Stockton de Dod, 1979). En Cuba una de las primeras menciones de una colonia de nidificación de esta ave la aportan Garrido y García (1975) localizada en las inmediaciones de Cupeyal en la zona oriental del país. En la década de 1980 fueron observadas colonias de nidificación en el Salto de Vegas Grandes (Chamizo *et al.*, 2007), cerca de Topes de Collantes, provincia de Sancti Spiritus y en la cueva de Sumidero del Saúco (Garrido y De la Cruz, 1990), cerca del Valle de Yaguanabo, provincia de Cienfuegos.

Entre los años 2022 y 2024 se realizaron varias expediciones al sur del macizo Guamuhaya, con el objetivo de localizar la distribución, sitios de refugio y nidificación del Vencejo de Collar (*Streptoprocne zonaris*), describirlos y aportar información que pueda servir como base a futuras investigaciones sobre esta especie en Cuba.

REVISIÓN BIBLIOGRÁFICA

AVES DE CUBA

Las **aves en Cuba** suman 369 especies silvestres y de vida libre, que pertenecen a 208 géneros, a 63 familias y a 21 órdenes. Se registran 217 especies terrestres, 69 ligadas a aguas dulces y 83 marinas. Existen 7 géneros que son endémicos: *Cyanolimnas*, *Ferminia*, *Gymnoglaux*, *Starnoenas*, *Teretistris*, *Torreornis* y *Xiphidiopicus* (Centro Nacional de Biodiversidad de Cuba, 2007).

El género *Teretistris* fue elevado a rango de familia por el Congreso Ornitológico Internacional en su revisión 8.1 [1] de enero de 2018, separándolo de la familia Parulidae. Le ha asignado el nombre de **Teretistridae** englobando solamente el género **Teretistris**. Como consecuencia y siguiendo la taxonomía del IOC, en Cuba habría entonces una familia endémica del país.

Tocororo, ave nacional de Cuba.

Origen de las aves de Cuba

Las primeras aves cubanas, posibles ancestros de las actuales, llegaron a territorios que hoy forman Cuba con posterioridad a 42- 40 millones de años atrás. La fauna de aves actual de Cuba tiene su origen principalmente en América del Norte. También tiene origen en Centroamérica, sobre todo de las especies típicas de los trópicos. La influencia de aves de Sudamérica es mucho menor.

Aves fósiles

Se conocen 24 especies fósiles de aves en Cuba, en su mayoría de tamaños grandes ya que se fosilizan mejor. Muchas de estas especies eran predadoras gigantes. Las mayores de ellas eran los *Ornimegalonyx*, con *O. oteroi* y *O. acevedoi* con una altura de unos 110 cm, gigante entre los búhos. Otras grandes aves fueron las lechuzas *Tyto noeli* y *T. riveroi*, los gavilanes *Titanohierax borrasi* y *Gigantohierax suarezi* con envergadura de hasta 3 metros y el enorme cóndor *Gymnogyps varonai* (González Alonso, 2007).

- Lista de aves fósiles de Cuba

Aves que nidifican en Cuba

En el país nidifican 152 especies de aves silvestres y de vida libre. Entre éstas hay 9 introducidas del Viejo Mundo por el hombre (directamente o en países vecinos), de ellas se han naturalizado 6 y las otras 3 tienen vida libre pero suelen ser dependientes del hombre.

- Lista de aves que anidan en Cuba

Especies endémicas de Cuba

Únicas de Cuba, es decir endémicas, son 28 especies (7,7% de endemismo en aves). Se destaca el **zunzuncito** (*Mellisuga helenae*) por ser el ave más pequeña del mundo con sólo 6,4 cm de largo. Por la belleza, también se destacan el **tocororo** (*Priotelus temnurus*) que es el ave nacional de Cuba, el **cartacuba** (*Todus multicolor*), el **carpintero verde** (*Xiphidiopicus percussus*), el **catey** (*Aratinga euops*), el **camao** (*Geotrygon caniceps*) y la **paloma perdiz** (*Starnoenas cyanocephala*). De belleza extraordinaria era el **guacamayo** (*Ara tricolor*) que era regalo para reyes, pero desdichadamente se extinguió en 1864.

Las endémicas cubanas de más reciente descubrimiento son: la **fermina** (*Ferminia cerverai*), el **cabrerito de la ciénaga** (*Torreornis inexpectata*) y la **gallinuela de Santo Tomás** (*Cyanolimnas cerverai*), reportadas en 1926-1927 por el naturalista español *Fermín Zanón Cervera* en la Ciénaga de Zapata.

Existen 21 especies no endémicas que sin embargo presentan subespecies endémicas en Cuba. Estas son 32 en total, que se suman a 20 subespecies pertenecientes a 7 de las especies de aves endémicas. Se destaca la **grulla** (*Grus canadensis nesiotes*) por ser una de las aves más altas en Cuba y por su belleza se destacan la **cotorra** (*Amazona leucocephala leucocephala*), el **zunzún** (*Chlorostilbon ricordii ricordii*), el **cabrero** (*Spindalis zena pretrei*) y el **carpintero real** (*Campephilus principalis bairdii*).

Aves migratorias

En Cuba hay reportadas 268 especies de aves en pueden comportarse como migratorias (el 73 % de las especies). De las 152 especies de aves que anidan en Cuba, 14 son migratorias con residencia veraniega y 38 tienen también poblaciones que migran a Cuba además de sus poblaciones permanentes que anidan.

En Cuba existen registros confirmados de 216 especies de aves migratorias que no anidan en el país (40 invernantes comunes, 40 invernantes menos frecuentes, 57 sólo transitorias, y 79 ocasionales). Además existen 8 especies migratorias ocasionales cuyos reportes no se han confirmado.

Aves introducidas naturalizadas

Aves que se han naturalizado y viven sin cuidados humanos son *Phasianus colchicus* (faisán de collar), *Numida meleagris* (guineo, gallina de Guinea), *Passer domesticus* (gorrión). *Streptopelia decaocto* (tórtola de collar) es euroasiática, fue introducida en Bahamas en 1974 y desde allí, en 1988, llegó a Cuba donde se expande en zonas urbanas. *Lonchura malacca* (monja tricolor) del sudeste de Asia, fue introducida en Puerto Rico y de allí no se sabe como llegó a Cuba en 1990. La codorniz (*Colinus virginianus*) se duda que pueda haber sido introducida desde tiempos coloniales. El *Carduelis psaltria* , (*chichí bacal*), especie de México, fue introducida en el occidente del país pero actualmente se encuentra extirpada.

Otras aves introducidas en Cuba y que pueden tener vida libre, pero no suelen considerarse naturalizadas porque en general dependen de cuidados humanos son: *Gallus gallus* (gallo y gallina), *Cairina moschata* (pato doméstico) y *Columba livia* (paloma doméstica).

Aves naturalmente recién establecidas

Hay aves que aunque no fueron introducidas por el hombre, llegaron naturalmente a Cuba y se han establecido recientemente principalmente en ecosistemas no naturales. *Bubulcus ibis* (garza ganadera) llegó a América desde África desde finales de la década de 1870, expandiéndose por todo el continente y las Antillas, incluyendo a Cuba. *Molothrus bonariensis* (pájaro vaquero) llegó a Cuba a finales de la década de 1970 y se comporta como especie invasora, perjudicando a otras porque pone en nidos ajenos. También llegaron para establecerse en áreas arroceras *Dendrocygna bicolor* (yaguasín), *Anas bahamensis* (pato de Bahamas) y *Dendrocygna autumnalis* (yaguasa barriguiprieta) que aún es rara, presente en Cuba central.

Aves domésticas

Aves de corral

Son las aves criadas para la producción de carne o huevos (avicultura) que en Cuba son: *Gallus gallus* (gallo y gallina), *Meleagris gallopavo* (guanajo o pavo), *Cairina moschata* (pato doméstico), *Anser anser* (ganso u oca), *Numida meleagris* (guineo o gallina de Guinea), *Phasianus colchicus* (faisán) y *Colinus virginianus* (codorniz).

En Cuba la producción industrial avícola, su beneficio y distribución están integradas en una unión empresarial creada en 1964, llamada Combinado Avícola Nacional. El asesoramiento científico proviene del Instituto de Investigaciones Avícolas. Para la producción a gran escala de huevos blancos se usa la raza de gallinas White Leghorn en cruce de tres vías. Para la producción de huevos pardos se usa la Rhode Island Red cruzada con White Leghorn. Para producción de carne se usan la White Plymouth Rock y la Cornish en cruces de 4 vías. En el país se conservan en genofondo 14 estirpes de aves que no se usan actualmente en la producción industrial, entre ellas la única raza cubana de gallinas, Cubalaya.

La producción avícola alternativa, del pequeño productor o de traspatio se basa mayormente en gallinas de líneas genéticas diversas mestizadas llamadas criollas. Como alternativas mejoradas también se usan gallinas semirrústicas (cruce de gallinas criollas con Rhode Island), pollo campero, guanajo semirrústico (pavo criollo cruzado con líneas selectas). Además, pero con menos difusión se crían *Cairina moschata* (pato doméstico), *Anser anser* (ganso) y *Numida meleagris* (guineo, gallina de Guinea) (Cornide, M. T. [coord.] et al. 2006)

En Cuba son comunes aves foráneas usadas como decorativas o de jaula como: *Serinus canaria* (canario), *Lonchura malacca* (monja tricolor), *Lonchura punctulata* (gorrión canela), *Melopsittacus undulatus* (periquito de Australia), *Nymphicus hollandicus* (cacatillo), *Agapornis roseicollis* (roseicollis), *Agapornis personata* (personata) y *Pavo cristatus* (pavo real).

Pero lamentablemente también son usadas para enjaular las aves silvestres de Cuba. Entre ellas están *Amazona leucocephala* (cotorra), *Aratinga euops* (catey), *Tiaris canora* (tomeguín del pinar), *Tiaris olivacea* (tomeguín de la tierra), *Melopyrra nigra* (negrito), *Mimus polyglottos* (sinsonte), *Myadestes elisabeth* (ruiseñor), *Spindalis zena* (cabrero), *Passerina cyanea* (azulejo) y otras.

Las que son atrapadas como pichones mueren en alta proporción durante la captura o antes de llegar a la adultez. También es muy alta la proporción de aves capturadas como adultas que mueren antes de acostumbrarse al cautiverio. Algunas de ellas se encuentran en peligro por la captura ilegal para el comercio de aves decorativas, lo que se suma a afectación por la reducción de sus ecosistemas. Sin embargo, aún están presentes en parques nacionales y reservas del Sistema Nacional de Áreas Protegidas de Cuba.

La organización social que agrupa a los criadores de aves de jaula del país es la Asociación Nacional Ornitológica de Cuba. Los criadores de palomas domésticas (*Columba livia*) también se agrupan en la Federación Colombófila de Cuba.

Las mejores cantantes

Las tres aves de canto más bello en Cuba son *Myadestes elisabeth* (ruiseñor), *Mimus polyglottos* (sinsonte) y *Ferminia cerverai* (fermina).

Aves extintas

Las aves extintas en Cuba son: *Ara tricolor* (guacamayo) y *Ectopistes migratorius* (paloma migratoria), que no volvieron a verse desde el siglo XIX, y *Vermivora bachmanii* (bijirita de Bachman), que no se ha visto en Cuba desde 1964.

Aves amenazadas

Hay 29 especies que han sido declaradas con algún grado de amenaza entre las aves cubanas. De ellas se encuentran **en peligro crítico**: *Campephilus principalis* (carpintero real) y *Chondrohierax wilsonii* (gavilán caguarero) que han sido vistas muy pocas veces y es posible que ya hayan desaparecido. En peligro crítico también se encuentra *Vireo crassirostris* (vireo de las Bahamas).

Autores y obras sobre aves cubanas

- Nicholas Aylward Vigors - On some Species of birds from Cuba. (45 especies)
- Miguel Rodríguez Ferrer - Catálogo. 1876 (207 especies)
- Juan Lembeye - Aves de la Isla de Cuba.1850 (222 especies)
- Juan Gundlach - Ornitología Cubana. 1876. (263 especies)
- James Bond - A Field Guide to the Birds of the West Indies. 1936
- Thomas Barbour - A Naturalist in Cuba. 1945 (entre otras obras)
- Florentino García - Las aves de Cuba. Especies endémicas. Subespecies endémicas. 1987 (49 especies)

- Orlando Garrido y Arturo Kirkconnell - Birds of Cuba. 2000 (354 especies)
- Rafael Sánchez Pérez - Las aves de Cuba y Fermín Zanón Cervera. 2002. Incluye Lista de las aves cubanas en español, inglés, francés y alemán.
- Nicasio Viña Dávila y otros (BIOECO) – Guía digital de las aves cubanas. 2007 (374 especies, incluye textos, imágenes, cantos, láminas y mapas de distribución geográfica)
- Hiram González Alonso y otros (IES, UH y CICA)- Aves de Cuba. 2007 (libro con 161 pp. de 25x30 cm, 211 fotos y 5 ilustraciones)
- Hiram González Alonso y otros. Biodiversidad de Cuba. 2007 (324 p., incluye fotos de 95 especies de aves)

Instituciones investigadoras de la avifauna en Cuba

- Instituto de Ecología y Sistemática (IES), de la Agencia de Medio Ambiente, del Ministerio de Ciencia, Tecnología y Medio Ambiente.
- Museo Nacional de Historia Natural (MNHN), del Ministerio de Ciencia, Tecnología y Medio Ambiente.
- Facultad de Biología, Universidad de La Habana, Ministerio de Educación Superior.
- Centro Oriental de Ecosistemas y Biodiversidad (BIOECO)
- Centro Nacional de Áreas Protegidas (CNAP), de la Agencia de Medio Ambiente, del Ministerio de Ciencia, Tecnología y Medio Ambiente.
- Empresa Nacional para la Protección de la Flora y la Fauna (ENPFF), del Ministerio de la Agricultura.
- Centro de Investigaciones de Ecosistemas Costeros
- Centro de Estudios y Servicios: Ambientales de Villa Clara (CESAM - VC)
- Centro de Inspección y Control Ambiental (CICA) de la Agencia de Medio Ambiente, del Ministerio de Ciencia, Tecnología y Medio Ambiente.
- Delegación de la Fundación Antonio Núñez Jiménez en Sancti Spíritus.

Colecciones zoológicas de aves (disecadas)

- Colecciones Zoológicas de la Academia de Ciencias de Cuba (CZACC) (63 especímenes tipos)
- Museo Nacional de Historia Natural de Cuba (MNHNCu)
- Colección Zoológica BIOECO

- Colecciones de los museos que integran la Red de Museos de Historia Natural de Cuba.

Las aves en el habla popular cubana

Dichos y refranes que mencionan aves en el habla popular cubana (la mayoría según Santiesteban 1985):

Todos los pájaros comen arroz, pero la culpa la tiene el totí = refrán, al negro le achacan las culpas sólo por ser de su raza.
Negro como un totí (o como un cao) = el o lo muy negro.
Hablar más que un cao (o que un perico) = hablar mucho.
¿Comiste cotorra? = se le pregunta al que habla sin parar.
Darle a uno una cotorra = hablarle mucho a uno.
Ser un sinsonte = cantar muy bien o hablar elegante.
Feo como un sijú = el muy feo.
Tener gorrión = estar melancólico, extrañar.
Cuidarse como gallo fino = cuidarse mucho.
Estar al cantío de un gallo = estar e un lugar muy cerca (para el campesino, pero para el ciudadano irónicamente es muy lejos).
Ser guanajo = ser tonto, simplón.
Tener una guanaja echada = tener ahorros guardados.
Ser o correr como un guineo = correr muy rápido.
Ser ganso (o pato, o pájaro) = ser afeminado, homosexual.
Por alto que vuele el aura siempre el pitirre la pica = refrán fatalista, el mal no se evita.
Parquearle a uno una tiñosa = traerle o pedirle a uno un encargo, servicio o asunto desagradable.
Estar cagado de aura = tener mala suerte.
Estar en el pico del aura = estar en situación desesperada.
Ser un guatíbere = ser un don nadie.
Hacer la paloma = lavar la única muda de ropa (sin nada puesto).

Clasificación por familias

Mediante esta lista organizada se clasifican a los diferentes tipos de aves separados por familias de especies de aves, registradas en Cuba, **el cual consiste de la Isla de Cuba, la Isla de la Juventud y más de 1000 cayos.**

En **negritas** se indican los nombres comunes en Cuba, y a continuación en *cursivas* los nombres comunes en inglés (entre paréntesis nombres comunes en inglés de otras especies foráneas que se consideraban idénticas hasta recientemente). Las siguientes marcas se han usado para destacar algunas categorías relevantes.

- (R) **Residente**: especie residente permanente (pero no endémica) nativa del archipiélago de Cuba.
- (E) **Endémica**: especie residente permanente y endémica del archipiélago de Cuba.
- (I) **Introducida**: especie introducida en el archipiélago de Cuba como consecuencia directa o indirecta de acciones humanas
- (F) **Frecuente**: especie migratoria invernante frecuente en el archipiélago de Cuba (más de 5 individuos observables por día en su hábitat y estación apropiados)
- (MF) **Menos frecuente**: especie migratoria invernante menos frecuente en el archipiélago de Cuba
- (T) **Transitoria**: especie migratoria presente sólo como transitoria o de paso en el archipiélago de Cuba.
- (O) **Ocasional**: especie migratoria que raramente o accidentalmente aparece en el archipiélago de Cuba.
- (NP) **No permanente**: especie que cría en Cuba pero no reside en el país permanentemente.
- (no confirmada): cuando la especie no fue capturada, ni hay foto en las publicaciones que la registran en Cuba.
- **Extinta**: especie extinta.
- **CR**: especie en peligro crítico de extinción.
- **EN**: especie en peligro de extinción.
- **VU**: especie vulnerable de extinción.
- **Extirpada**: especie extirpada o desaparecida del país.

Vencejos

Vencejo, nombre común que reciben más de 90 especies de una familia de aves que engloba a algunas de las de vuelo más rápido que se conocen. La apariencia de los vencejos se asemeja a la de las golondrinas. Tienen un pico corto, una boca amplia que les permite capturar insectos en el aire, patas pequeñas y débiles y alas largas con forma de luna creciente. Los vencejos anidan en superficies verticales y construyen sus nidos con diversos materiales que unen mediante una sustancia, que utilizan como cemento, secretada por sus glándulas salivares. Algunas especies de vencejos orientales fabrican su nido enteramente con esta secreción, que es el principal ingrediente de la llamada sopa de nido de golondrina. El vencejo común euroasiático mide unos 16,5 cm, es más negro y tiene la cola ahorquillada; anida a menudo en construcciones urbanas. Con 22 cm, el vencejo real es el más grande de los vencejos eurasiáticos. Anida en el sureste del Mediterráneo y difiere del común en que tiene la garganta y el vientre blancos. Estas dos especies anidan también en la península Ibérica, así como el vencejo pálido y el vencejo cafre. Este último está considerado especie vulnerable, pues las reducidas poblaciones españolas están disminuyendo. Dentro de Europa el vencejo cafre sólo se encuentra en España. Otra especie accidental en la península Ibérica es el vencejo moro.

Una de las especies más conocida en Norteamérica es el vencejo chimenea. En América Latina se encuentran unas 30 especies de la familia de los vencejos, entre los cuales sobresalen el blanco, propio de las elevaciones de los Andes y los vencejos de cola espinosa, como el vencejo chico, cuyo territorio abarca todo el sur del continente. En las Antillas se encuentran especies como el vencejo de palmera y el flechudo que pertenecen a distintos géneros de los muchos que pueblan América.

Clasificación científica: los vencejos pertenecen a la familia Apódidos, del orden de los Apodiformes. El vencejo común europeo es *Apus apus*, el vencejo real *Apus melba*, el vencejo pálido *Apus pallidus*, el vencejo cafre *Apus caffer* y el vencejo moro *Apus affinis*. El vencejo chimenea es la especie *Chateura pelagica*. El vencejo blanco es *Apus andecolus*, el vencejo chico, *Chaetura andrei*; el vencejo de palmera, *Tachonis phoenicobia* y el vencejo flechudo, *Nephoecetes niger*.

Streptoprocne zonaris

Streptoprocne zonaris

Ave

El vencejo acollarado, vencejo de collar blanco, vencejo de cuello blanco, vencejo collar blanco, vencejo cuello blanco, vencejo cuelliblanco, vencejo de collar, vencejo grande, vencejón collarejo ... Wikipedia >

Nombre científico

Streptoprocne zonaris

Categoría

Especie

Estado de conservación

Preocupación menor **(UICN 3.1)**[1]

<table>
<tr><td colspan="2" align="center"><u>Taxonomía</u></td></tr>
<tr><td align="right"><u>Reino</u>:</td><td><u>Animalia</u></td></tr>
<tr><td align="right"><u>Filo</u>:</td><td><u>Chordata</u></td></tr>
<tr><td align="right"><u>Clase</u>:</td><td><u>Aves</u></td></tr>
<tr><td align="right"><u>Orden</u>:</td><td><u>Apodiformes</u></td></tr>
<tr><td align="right"><u>Familia</u>:</td><td><u>Apodidae</u></td></tr>
<tr><td align="right"><u>Género</u>:</td><td><u>Streptoprocne</u></td></tr>
<tr><td align="right"><u>Especie</u>:</td><td>S. zonaris
Shaw</td></tr>
</table>

El **vencejo acollarado**[2] (***Streptoprocne zonaris***) es una <u>especie</u> de <u>ave apodiforme</u> de la familia de los <u>vencejos</u> residente de los <u>Estados Unidos</u>, <u>América Central</u>, las islas de las <u>Antillas</u>, hasta <u>Argentina</u> y el sureste de <u>Brasil</u>.[1]

Descripción

Esta especie es poderosa, con 20-22 cm de largo, y pesa 90-125 g. Tiene una cola ligeramente bifurcada. Los adultos son negros, azul glosado en la parte de atrás, y tienen un collar blanco, más amplio y más apagado en el pecho. Las aves más jóvenes son más apagadas que los adultos, y el collar es reducido o nulo.

Distribución y hábitat

Su área de distribución geográfica se extiende de los Estados Unidos hasta Argentina, incluyendo <u>Antigua y Barbuda</u>, <u>Argentina</u>, <u>Barbados</u>, <u>Belice</u>, <u>Bolivia</u>, <u>Brasil</u>, <u>Islas Caimán</u>, <u>Colombia</u>, <u>Costa Rica</u>, <u>Cuba</u>, <u>Dominica</u>, <u>República Dominicana</u>, <u>Ecuador</u>, <u>El Salvador</u>, <u>Guayana Francesa</u>, <u>Granada</u>, <u>Guadalupe</u>, <u>Guatemala</u>, <u>Guyana</u>, <u>Haití</u>, <u>Honduras</u>, <u>Jamaica</u>, <u>Martinica</u>, <u>México</u>, <u>Montserrat</u>, <u>Nicaragua</u>, <u>Panamá</u>, <u>Paraguay</u>, <u>Perú</u>, <u>Puerto Rico</u>, <u>Saint Kitts y Nevis</u>, <u>Santa Lucía</u>, <u>San Vicente y las Granadinas</u>, <u>Suriname</u>, <u>Trinidad y Tobago</u>, <u>Estados Unidos</u>, <u>Venezuela</u>.[1] Su <u>hábitat</u> se compone de bosque tropical y subtropical, zonas rocosas y bosque muy degradado.[1]

Comportamiento

Esta es una especie muy sociable, con bandadas de 100 o más aves, y a menudo en compañía con otras aves. Tiene un vuelo poderoso, rápido y directo, y sube térmicas a grandes alturas. Se alimenta en vuelo de insectos voladores, incluyendo escarabajos, abejas, y hormigas voladoras. Construye un nido de barro, musgo y <u>quitina</u> en una repisa en una cueva, por lo general detrás de una <u>cascada</u>, y deja dos huevos blancos entre marzo y julio. Se reproduce en las montañas y colinas.

Vencejo de Collar. Es una especie (*Streptoprocne zonaris*) proveniente de la familia *Apodidae* con un orden *Apodiformes*

Características

Mide de 20 a 21.5 cm. Es un vencejo muy grande con un collar blanco completo rodeando la nuca y parte del pecho. La cola ligeramente horquillada. Los inmaduros tienen un poco de blanco en el cuello y el pecho.

Hábitat

Bosques bajos: Vegetación con un estrato abierto o cerrado de leñosas de hasta 15 m. de altura.

Aéreas artificiales: Aéreas completamente modificadas por la acción del hombre.

Matorrales: Vegetación densa de arbustos con un estrato superior cerrado de leñosas de hasta 5 m de altura.

Pastizales: Vegetación herbácea, principalmente gramíneas, de hasta 1m de altura. Mas del 80% del suelo cubierto y vegetación leñosa de más de 0,5m de altura ausente o dispersa.

Reproducción

El nido de las fibras vegetales, musgos y piedras aglutinados con barro y saliva se encuentra en las paredes de piedra y acantilados alrededor de cascadas, cuevas húmedas y oscuras. La pareja incuba y alimenta a los jóvenes.

Alimentación

Se alimentan de insectos capturado en el vuelo.

Vencejo de Collar
White-collared Swift

Streptoprocne zonaris

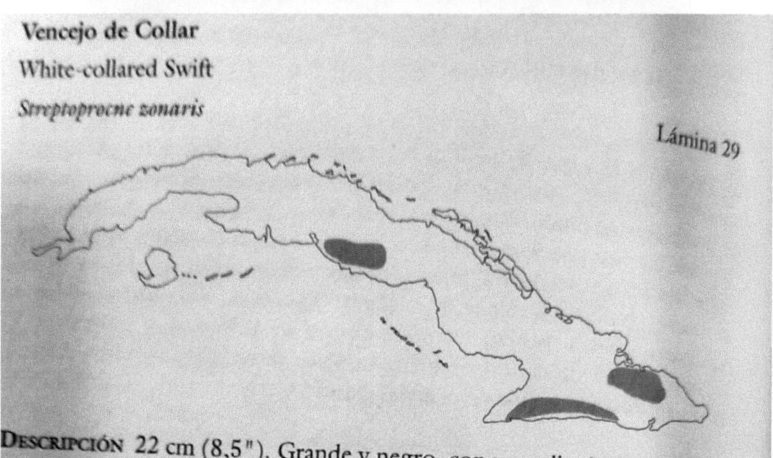

DESCRIPCIÓN 22 cm (8,5"). Grande y negro, con un collar blanco, aunque este no siempre es visible en los juveniles. Cola bifurcada. El inmaduro tiene un collar más estrecho, en ocasiones reducido sólo a parches; y hasta puede carecer de collar. Vuelo muy rápido, a veces en nutridas bandadas de hasta cincuenta individuos.

MATERIALES Y MÉTODOS

Área de estudio

La investigación se desarrolló en las Montañas de Trinidad, pertenecientes al Macizo de Guamuhaya. Las montañas de *Guamuhaya*, también denominadas *Escambray*, están localizadas hacia el sur de la región central de Cuba y muestran un vigoroso relieve, sólo superado por el de la Sierra Maestra.

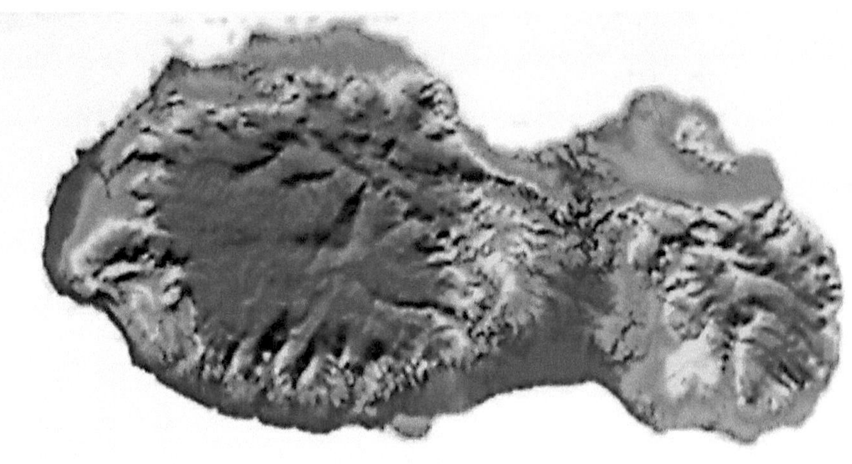

Algunas de sus cumbres sobrepasan los mil metros de altitud, extendidas en cerca de 80 kilómetros de largo y se hallan divididas en dos macizos por el río Agabama: el occidental está constituido por la Sierra de Trinidad, y la porción oriental forma la Sierra de Sancti Spíritus, ambas limitadas al oeste por la cuenca del Río Arimao y al occidente por la del Río Zaza; este grupo limita al norte con las Alturas de Santa Clara y al sur se encuentran estrechas llanuras que descienden hacia el Mar Caribe.

Su punto más alto es Pico San Juan, la más alta elevación de la región central cubana, con mil 140 metros sobre el nivel del mar.

El nombre

La denominación de este macizo montañoso es derivada del arahuaco en el que **gua** significa fuente o nacimiento; **mu**, desarrollo y **haya**, asociarse, por tanto este apelativo es parte del legado arqueológico de los primeros habitantes de Cuba.

En 1873 aparece por primera vez, en el mapa de Cuba de José María de la Torre, el accidente del relieve de mayor importancia ubicado en el sur, bajo el nombre de Grupo Guamuahaya, mientras que en el Siglo XX el accidente comenzó a mencionarse como Macizo Guamuhaya y a continuación, entre paréntesis aparecía el topónimo Escambray.

Será difícil borrar del vocabulario popular cubano el legendario sobrenombre de Escambray, aún cuando el accidente se denomina Guamuahaya, calificativo aprobado por la Comisión Nacional de Nombres Geográficos y primero en mostrar al mundo el conjunto montañoso más substancial del centro sur de la Isla.

Características

Las principales rocas encontradas en la región son las metamórficas, consideradas las más antiguas del país. Las montañas de Guamuhaya presentan en general una estructura de plegamiento o arqueadas. Muchas de las elevaciones del grupo de Trinidad muestran la forma de conos como los mogotes de la Sierra de los Órganos, con grutas horadadas en sus faldas casi verticales. A su vez, algunos valles abiertos en el macizo orográfico no ofrecen desagües superficiales, sino subterráneos, a través de cavernas. Algunos drenajes de esas cuencas, casi cerradas, se realizan a través de cañones estrechos y de cascadas como era el caso del río Hanabanilla.

La Sierra de Trinidad es de mayor altitud que la de Sancti Spíritus; en la primera se destaca la región de Topes de Collantes, con el pico de Potrerillo, a 931 metros sobre el nivel del mar, sólo aventajado en esta serranía por el Pico San Juan, la más alta elevación de la región central cubana, con mil 140 metros; en la segunda sobresalen las Alturas de Banao, a 842 metros sobre el nivel del mar.

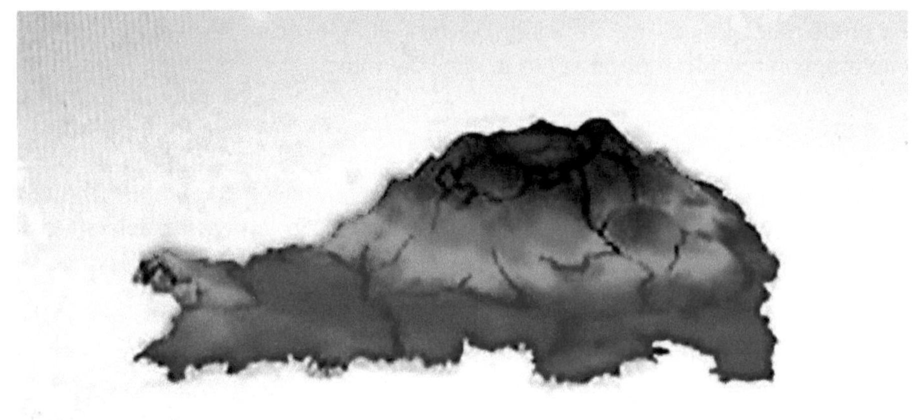

Rasgos del área física y poblacional

La región de Guamuhaya es un mascizo montañoso con una extensión territorial de 1642,4 km2, ubicado en territorio de las tres provincias centrales del país; se extiende por tres municipios de la provincia de Sancti Spíritus (951,3 km2) y uno de las provincias de Villa Clara (291,0 km2) y Cienfuegos (401,0 km2).

La población total es de 30 010 habitantes, de ellos en la provincia Sancti Spíritus (14640 para el 48, 5 %), en Villa Clara (9223 - 30,7%) y en Cienfuegos (5147-20,5%). El 9,3 % de la población vive en asentamientos con características urbanas, existiendo un discreto predominio del sexo masculino (53,3) y esta zona existen 8476 núcleos familiares distribuidos en: Sancti Spíritus (4229), Villa Clara (2491) y Cienfuegos (1786)

Flora y fauna

La presencia de amplios valles de suelos arcillosos y de montañas altas y húmedas, por las abundantes lluvias (mil 800 milímetros o más) permite que en esa zona existan cultivos diversos como la caña de azúcar y el tabaco (en los llanos), y el café y cítricos (en las alturas), al tiempo que se desarrolla el silvopastoreo, el cual permite la existencia de ganado en las áreas boscosas.

También, aunque de forma limitada, se cultivan tubérculos y el plátano en los valles más cerrados. En sus bosques, especialmente en la región de Topes de Collantes, se han implantado bosques industriales, reforestados con teca (árbol muy alto y esbelto de hojas anchas empleado para los postes y mástiles de barcos, así como varias especies de eucaliptus y pinos.

Su flora es muy rica en helechos arborescentes, pequeñas flores, plantas aromáticas y medicinales, aún no bien estudiadas y árboles maderables autóctonos como la caoba, el cedro y la majagua, entre otros.

Su fauna alada es abundante y diversa, destacándose la cotorra, que vuela en grandes bandadas. La fauna terrestre está representada por la jutía y varias especies de murciélagos.

Metodología de la investigación

La investigación se llevó a cabo entre los años 1994 y 2024. En total se realizaron 10 expediciones a las Montañas de Trinidad. Las exploraciones se realizaron teniendo en cuenta los requerimientos ecológicos de la especie, tanto por su presencia como para refugiarse y nidificar, relacionados con la existencia de cuevas o abrigos rocosos en zonas elevadas, asociadas a cauces de agua activos y cascadas (Chantler, 1999; Marín y Stiles, 1992). Durante la exploración a las cuevas se buscó de evidencias de la presencia de vencejos dentro de las mismas.

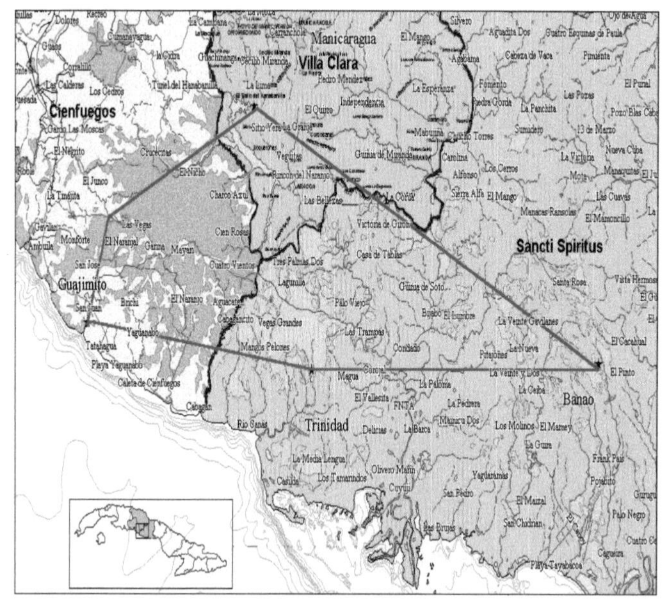

Para corroborar la utilización de las espeluncas por los vencejos se establecieron puntos de conteo (Berovides *et al.* 2005) en las entradas de las mismas. Los conteos se realizaron a partir de las 18:30 hasta las 20:30, de manera visual y acústicamente a partir del momento en que la luz natural no permitió seguir de la forma en que se comenzó. En total se realizaron 5 conteos en cueva El Vencejo, 4 en cueva de Olivier, 8 en caverna José Salas, 5 cueva Cuba-Suiza, 7 conteos en el Sumidero del Saúco, 6 en la cueva la Batata y en el salto de Vegas Grandes, 3 en la Poza del Túnel y 7 en el Sumidero de Codina.

Para describir la distribución de los individuos dentro de los refugios se realizaron conteos directos; para lo cual se esperó a que todas las aves estuvieran acomodadas en sus sitios habituales de descanso.

De las cuevas en las que se detectó la presencia del Vencejo de Collar (*S. zonaris*); cuatro se hallan excavadas en la zona de Aguacate, cuatro se encuentran ubicadas en Topes de Collantes y una al norte del Valle de Yaguanabo (tabla 1).

Tabla 1. Resultados de los conteos por cuevas y zonas geográficas de las Montañas de Trinidad, Macizo de Guamuhaya, Cuba.

LOCALIDAD	CUEVAS	CONTEOS	NO. INDIVIDUOS
Aguacate	El Vencejo	5	10
	Olivier	4	8
	José Salas	8	12
	Cuba-Suiza	5	13
Sumidero de Sauco	Solapas	7	22
Topes de Collantes	La Batata	6	72
	Salto de Vegas Grandes	5	26
	Poza del Túnel	7	42
	Codina	3	2
Tres áreas	20 antros	50	207

A manera de resumen se exploraron 20 cuevas excavadas en tres localidades, donde se realizaron 50 conteos que arrojaron 207 individuos de la especie.

<u>Aguacate:</u> Cuenca endorréica que colecta las aguas pluviales que caen sobre esta área cársica, con múltiples espeleógenes del tipo específico Aguacate y

genético fluvial como: Cuba-Hungría, José Salas, Rosendo, El Vencejo, Olivier, La Banana, Cuba Suiza y sima Santiago.

Sumidero del Saúco: De origen freato-fluvial y 1000 metros de desarrollo, clasifica como caverna según la clasificación genética de las cuevas de Núñez *et. al.* (1984). Se localiza en la zona de El Saúco, a 700m sobre el nivel del mar (X: 688 200; Y: 234 500) (Hoja Cartográfica, escala 1:25000, No. 4281, Topes de Collantes), se desarrolla a partir de un paredón orientado a 335° con respecto al norte y a unos 20 metros de altura, contra este se interceptan las aguas ya organizadas del río Saúco, penetrando hacia el interior del mismo aprovechando una línea de falla. Hasta donde se ha explorado, tiene siete lagos interiores y se abre en esquistos marmóreos, calizas marmorizadas con un alto grado de esquistosidades, muy duras, de color gris, del grupo San Juan, generalmente masivas, y en ocasiones, con finas intercalaciones de pedernal. En algunos sectores la cueva se desarrolla en grietas de gran magnitud con presencia de enormes vetas de cuarzo que parecen corresponder con un espejo de fallas sobre cuyo plano se abrió la galería. Se formó sobre una debilidad tectónica o espejo de falla trabajado por el río y cuenta con un puntal entre 10 y 20 metros y es casi totalmente horizontal, con una orientación de norte a sur.

Cueva la Batata: De origen freato-fluvial según la clasificación para las cuevas cubanas propuesta por Núñez *et. al.* (1984). Fue excavada por el río Vegas Grandes en roca caliza del Jurásico superior. Cuenta aproximadamente con 200 metros de desarrollo que atraviesa el propio río en un cauce activo durante todo el año, que fluye de norte a sur, formando pequeños lagos en los salones 1, 2, 3 y 6.

Vegas Grandes: Pequeña cueva de aproximadamente 12 metros de desarrollo. Está ubicada detrás del Salto de Vegas Grandes. Tiene un puntal que alcanza los 7 metros en la parte más profunda de la misma. En las áreas donde no está inundado el piso, se aprecia acumulación de sedimentos y material vegetal (troncos y ramas) depositados por las frecuentes crecidas del río, así como gran cantidad de basura de diferentes orígenes dejados por los turistas (tanto nacionales como extranjeros) que visitan el lugar.

Sumidero de Codina: Espelunca, de origen freato-fluvial, con un desarrollo vertical, a 150 metros de la Hacienda Codina. Se desconoce la espeleometría de esta cavidad que cuenta con un puntal en su entrada próximo a los 8 metros. Aunque el cauce es intermitente en la temporada seca, en el interior de la cueva se aprecia un flujo constante de agua, cuyo volumen varia según la época del año.

La Poza del Túnel: En la roca caliza, el río Vegas Grandes excavó, en la parte baja de su cauce, una serie de pequeñas cavidades y depresiones de hasta 3 metros en la propia roca en las que se acumulan las aguas del río. Atraviesa la comunidad el Chorrito y es utilizado por los pobladores como área de baño.

Las exploraciones se realizaron en grupos de trabajo que nunca sobrepasó de tres personas para minimizar las perturbaciones inevitable a las aves (mínimo ruido, hablar lo imprescindible en voz muy baja, hacer un uso muy cuidadoso de la luz artificial) apoyado en el principio de evitar a toda costa el abandono de nidos por parte de las parejas reproductoras.

RESULTADOS

Durante la investigación se exploraron un total de 20 cuevas y abrigos rocosos en la parte sur del Macizo Guamuhaya, específicamente en las Montañas de Trinidad, de los cuales se pudo comprobar que solo 5 (La Poza del Túnel, Sumidero del Saúco, la cueva La Batata, el Sumidero de Codina, el Salto de Vegas Grandes) son utilizados como sitios de nidificación por el Vencejo de Collar (*Streptoprocne zonaris*). Los tres últimos fueron empleados para nidificar en las temporadas reproductivas 2022 y 2023; además de haberse comprobado en el 2024 actividad reproductiva en el Sumidero del Saúco.

<u>Sumidero del Saúco:</u> Se detectaron 3 nidos en mayo de 2022 a 4.75, 5.70 y 6.00 metros de altura respectivamente, todos en salientes de la pared sobre el primer lago en la zona de penumbra. Se determinó que un promedio de 22 aves se refugian durante las noches en esta cueva, desconociéndose como se distribuye en el interior del refugio para descansar, aunque se presume que la mayoría de los vencejos se acomoden sobre el primer lago y muy cerca de la cascada de la entrada de la cueva.

<u>Cueva la Batata:</u> Las primeras evidencias de nidificación fueron encontradas el 21 de abril de 2022, detectándose 8 nidos activos y 15 en el 2023 para un total de 23 nidos. La altura de los mismos oscilo entre los 0.9 y 8 metros, siendo la altura promedio de 2.90 metros; ya sea sobre el suelo o el nivel del agua, según cada caso. Teniendo en cuenta el resultado de los conteos el número de Vencejos de Collar que ocupó el refugio se comportó estable durante la investigación en los 5 salones de la cueva. El promedio total de aves que utiliza la cueva La Batata es de 72, de ellas un promedio de 22 vencejos descansa en el primer salón, 16 en el segundo y 32 en el cuarto; coincidiendo este último con la mayo concentración de nidos (16). Del total de nidos, 6 se ubicaron en el techo y 17 en las paredes, 14 se colocaron en salientes y 9 en oquedades, resultando lo más frecuente encontrara los nidos en salientes de las paredes.

<u>Vegas Grandes:</u> Los primeros nidos fueron detectados el 20 de mayo de 2024 encontrándose un total de 13 nidos en la fase de incubación de 26 individuos. La altura de los mismos osciló entre 1.33 y 4.40 metros, siendo 3.50 el promedio de esta variable. La mayoría de ellos (8) fueron ubicados en el techo, se colocaron 6 en salientes y 7 en oquedades; siendo lo más frecuente encontrar los nidos en oquedades del techo.

<u>Sumidero de Codina:</u> Se observó un intento aislado de nidificación en el Sumidero de Codina que fracasó debido a que no ocurrió la ovoposición. Este nido se construyó a 4.57 metros de altura en un saliente del techo, a pocos centímetros de la entrada. Debido a que no fue posible explorar el interior de esta cueva no se pudo determinar si se construyeron más nidos durante el periodo de investigación.

<u>La Poza del Túnel:</u> En este lugar no se encontró evidencias de nidificación. A partir de las observaciones realizadas se determinó que 42 vencejos, como promedio, utilizan como refugio este sitio.

Todos los nidos encontrados tenían forma de copa y estaban compuestos mayormente por musgos, al parecer, los mismos que se encuentran en las paredes de la cueva, además de restos de insectos, pequeños foliolos, lodo y excretas. En contraste, el material principal utilizado para construir los nidos en Vegas Grandes fue un helecho conocido como Culantrillo de Pozo (*Adiantum capillus-veneris*, Lin.) que se encuentra tapizando las paredes del farallón por donde se precipitan las aguas del río.

De un total de 41 nidos encontrados, 16 (39.02 %) fueron ubicados en el techo y 25 (60,9 %) en las paredes rocosas. Para la construcción, en 25 casos (60,9 %) fueron aprovechados los salientes y en 16 casos (39.02 %) las oquedades. La altura promedio de los nidos fue de 3.39 metros.

DISCUSIÓN

El Vecejo de Collar Blanco es un ave de amplia distribución por toda el área de estudio en las Montañas de Trinidad, se trata de un ave numerosa por la cantidad de individuos observados y utiliza varios antros de la localidad como refugio y para su reproducción, fenómeno que coincide con lo descrito por Montes-Espín (2019).

El empleo de sitios para la nidificación por parte del Vencejo de Collar en la zona de estudio está en concordancia con lo referido por Marín y Stiles (1992), quienes afirman que la nidificación en rocas, detrás o cerca de saltos de aguas o cascadas está documentada para diferentes especies de la familia Apodidae. Las observaciones realizadas en los sitios de nidificación concuerdan con las referencias de Bond (1971) sobre la reproducción de *Streptoprocne zonaris* en México, donde esta ave nidifica en abril, construyendo un nido en forma de disco con poca profundidad, compuesto de barro, musgo y restos de insectos y situado sobre salientes o huecos en cuevas o detrás de cascadas, en el que pone dos huevos blancos.

Respecto a la ubicación y colocación de los nidos es evidente que en las paredes es más fácil el aprovechamiento de los salientes para la construcción, mientras que en el techo son más usuales las oquedades. En cualquier caso, tanto la ubicación, como la colocación de los nidos, dependen de las características de las cuevas usadas como sitios de nidificación, las que, de acuerdo con su espeleogénesis y morfología, ofrecen diferentes alternativas para la selección del soporte del nido.

El análisis de los valores de la altura de los nidos permite inferir que en ambos sitios de nidificación la especie construye el nido con mayor frecuencia entre los 3 m y los 4 m de altura sobre el suelo o el nivel del agua de la cueva, aunque se pueden encontrar nidos desde los 1,20 m hasta los 7,00 m, según la disponibilidad de salientes y oquedades apropiados para su colocación.

Esto igualmente pudiera estar relacionado con los niveles que alcanza en agua durante las crecidas y en la temporada de lluvias.

CONCLUSIONES

El Vecejo de Collar Blanco es abundante (207 individuos) y se encuentra bien distribuido en las Montañas de Trinidad (tres localidades y 20 cuevas). Fueron detectados 5 sitios ocupados por la especie, de los cuales 4 fueron utilizados para nidificar. Se detectaron 41 nidos, 3 en el Sumidero del Saúco, 13 en el salto de Vegas Grandes y 24 en la cueva La Batata. La altura promedio de los nidos encontrados fue de 3 .37 m, siendo 5. 48 m en el Sumidero del Saúco, 2. 90 m en La Batata, 3. 50 m en Vegas Grandes y un único nido encontrado en el Sumidero de Codina a 4 .57 m en un saliente del techo. En el Sumidero del Sauco los nidos fueron detectados en salientes de la pared, En La Batata fue más frecuente encontrarlos en salientes de la pared y en Vegas Grandes en oquedades del techo.

ÍNDICE

REFERENCIAS

1. <u>1 2 3 4</u> BirdLife International (2009). «*Streptoprocne zonaris*». *Lista Roja de especies amenazadas de la <u>UICN</u> 2011.2* (en inglés). Consultado el 30 de noviembre de 2011.
2. ↑ BERNIS, F; DE JUANA, E; DEL HOYO, J; FERNÁNDEZ-CRUZ, M; FERRER, X; SÁEZ-ROYUELA, R; SARGATAL, J (2000). «<u>Nombres en castellano de las aves del mundo recomendados por la Sociedad Española de Ornitología (Quinta parte: Strigiformes, Caprimulgiformes y Apodiformes)</u>». *Ardeola*. *Handbook of the Birds of the World* (Madrid: <u>SEO/BirdLife</u>) **47** (1): 123-130. <u>ISSN</u> <u>0570-7358</u>. Consultado el 1 de diciembre de 2011.

- Chantler and Driessens, *Swifts* ISBN 1-873403-83-6
- Ffrench, Richard (1991). *A Guide to the Birds of Trinidad and Tobago* (2nd edition edición). Comstock Publishing. <u>ISBN</u> 0-8014-9792-2.
- Hilty, *Birds of Venezuela*, ISBN 0-7136-6418-5
- Stiles and Skutch, *A guide to the birds of Costa Rica* ISBN 0-8014-9600-4

CITAS

- Centro Nacional de Biodiversidad - Cuba. (2007). Diversidad biológica cubana. Aves. Ministerio de Ciencia, Tecnología y Medio Ambiente, Agencia de Medio Ambiente. 12 pp. . Consultada el 16/7/2007

- García, F. (1987). Las aves de Cuba. Especies endémicas. Subespecies endémicas. Tomos I y II. Editorial Gente Nueva, La Habana. 207 pp.

- Garrido, O.H.; Kirkconnell, A. (2000). Birds of Cuba. Helm Field Guides, Londres. 253 pp.

- González Alonso, H. (ed.) (2007). Biodiversidad de Cuba. Ediciones Polymita. ISBN 99922-965-0-X

- Sánchez, R. (2002). Las aves de Cuba y Fermín Zanón Cervera. Editorial Padilla de Sevilla. Incluye *Lista de aves cubanas* en castellano, inglés, francés y alemán.

- Cornide, M. T. (coord.) et al. (2006). Las investigaciones agropecuarias en Cuba cien años después. Editorial Científico-Técnica, La Habana. 323 pp. ISBN 959-05-0394-2

- Publican guía digital de las aves cubanas (3/22/2007)

- IES (2007) Publicaciones de Instituto de Ecología y Sistemática Presentación del libro Aves de Cuba consultada el 15 de diciembre de 2007.

- Santiesteban, A. (1985). El habla popular cubana de hoy. Editorial Ciencias Sociales, La Habana. 525 pp.

BIBLIOGRAFÍA

Berovides, V., M. Cañizares, A. González (2005). Métodos de conteo de animales y plantas terrestres. Centro Nacional de Áreas Protegidas de Cuba. p 47.

Bibby, Colin (1998). Why count birds? Section 1, *en* Colin Bibby, Martin Jones y Stuart Marsden (1998).Expedition Field Techniques. Bird Surveys. Published by the Expedition Advisory Centre. Royal Geographical Society. ISBN 0-907649-79-3. p 4.

Bond, J. (1971). Birds of the West Indies. Second Edition. The International Series. Houghton Mifflin Company Boston. p 129, 133.

Chamizo, R. J., R. Montes, J. M. Alum, A. R. Chacón (2007). Caracterización de una colonia de Vencejo de Collar (*Streptoprocne zonaris*) en el Valle de Yaguanabo. Su relación de dependencia con la cueva sumidero del Saúco. Memorias de los Simposios Nacionales de Bioespeleologia. Editorial Feijoo, Santa Clara, Cuba. ISBN 959-250-292-7

Chantler, P. (1999). Family Apodidae (Swifts). Pp. 388-457 en Del Hoyo, J. E., A. Elliott & J. Sargatal. 1999. Handbook of the birds of the world. Vol. 5. Lynx Ediciones. Barcelona.

Chapman, F. M. (1892). Notes on birds and mammals observed near Trinidad, Cuba, with remarks on the origin of West Indian bird-life. Bulletin American Museum of Natural History. Vol. IV. p. 301.

Garrido, O. y F. García. (1975). Catálogo de las Aves de Cuba. Departamento de Vertebrados. Instituto de Zoología. Academia de Ciencias de Cuba. p 74.

Garrido, O. y A. Kirkconnell (2000). Birds of Cuba. Helms Field Guides, Christopher Helm Ltd., A and Black Ltd., London, pp 142.

Garrido, O. y J. De la Cruz (1990). Algunas consideraciones sobre la conducta de nidificación del Vencejo de Collar *Streptoprocne zonaris* (ave: Apodidae) en Cuba. El Volante Migratorio. Año 8. Número 15. INIAA, Perú. Pp 32-35.

Green, E. (2005). Briding ecology. En Bird ecology and consrvation. A handbook of techniques. Sutherland, W., I. Newton, R. E. Green (Segunda Edición). Oxford University Press. 57-68 pp.

Hernández-Muñoz, A. (1997). Fauna de Aguacate, Macizo de Guamuhaya, Cuba. *Espelunca*, 3 (1): 21-25.

Hernández-Muñoz, A., J. M. Ramos, J. Mugica, J. Collado (2007). Primer reporte de nidificación del Catey (Aves: Psittacidae) en cueva cubana. *Memorias de los Simposios Nacionales de Bioespeleologia*. Editorial Feijoo, Santa Clara, Cuba. ISBN 959-250-292-7

Hernández- Muñoz, A., O. Rodríguez, A. Rodríguez, y A. Pérez (2020). Espeleofauna del Macizo de Guamuhaya, Cuba. *Memorias del Congreso Internacional 80 Aniversario de la Sociedad Espeleológica de Cuba*. Caibarién, 103 pp.

Herrera, F. (2002). Ecolocalización en Guacharos. Volando en la oscuridad. *Bol. Soc. Venezolana Espel.* Vol 36. pp 6-10. ISSN 0583-7731.

Marín, A. M. y F. G. Stiles (1992). On the biology of five species of swifts *(Apodidae, Cypseloidinae)* in Costa Rica. *Proc. West. Found. Zool.* 4:287-351.

Montes Espín, R. (2019). *Biología reproductiva y conservación del Vencejo de Collar Streptoprogne zonaris) en el centro sur de Cuba*. Tesis Doctoral en la Universidad de Alicante, Facultad de Ciencias, Departamento de Ecología, 164 pp.

Núñez Jiménez, A., N. Viña, M. Acevedo, J. Mateo, M. Iturralde-Vinent y A. Graña (1984). *Cuevas y Carsos*. Editora Militar. La Habana, 431pp.

Passeggi, Julieta Maria (2006). Ciclo reproductivo del Vencejo de Collar Blanco (Streptoprocne zonaris) en "La Cueva de los Pajaritos", Córdoba, Argentina. *XI Reunión Argentina de Ornitología*.

http://www.avesargentinas.org.ar/rao/res-paneles-comportamiento-biologia-gral-fr.html.

Consulta: 05-03-2022.

Raffaele, H., J. Wiley, O. Garrido, A. Keith y J. Raffaele (1998). *Birds of the West Indies.* Helm Identification Guides, Christopher Helm Ltd., A and Black Ltd., London, pp 330.

Stockton de Dod, Annabelle (1979). *Nido de Vencejo de Collar reportado por primera vez en las Antillas.*

http://naturalista%20postal%20a%F1o%201979%20del%2021%20al%2030.htm#np22-79

Consulta: 05-09-2023

yes

I want morebooks!

Buy your books fast and straightforward online - at one of world's fastest growing online book stores! Environmentally sound due to Print-on-Demand technologies.

Buy your books online at
www.morebooks.shop

¡Compre sus libros rápido y directo en internet, en una de las librerías en línea con mayor crecimiento en el mundo! Producción que protege el medio ambiente a través de las tecnologías de impresión bajo demanda.

Compre sus libros online en
www.morebooks.shop

Printed by Books on Demand GmbH, Norderstedt / Germany